NOTICE

L'EAU MINÉRALE GAZEUSE NATURELLE

DE

SCHWALHEIM

(HESSE-ÉLECTORALE)

PAR

LOUIS FLEURY

Professeur agrégé de la Faculté de médecine de Paris,
Membre correspondant de l'Académie royale de médecine de Belgique,
Chevalier de la Légion d'honneur, Commandeur de la Couronne de chêne
Chevalier des ordres de Léopold et du Sauveur, etc., etc.

« A la tête des eaux minéra'es de table se place l'eau de Schwalheim; nous en avons fait usage nous-même, nous l'avons prescrite à bon nombre de gastralgiques, de dyspeptiques, et nous pouvons affirmer par expérience que les personnes en bonne santé trouveront en elle la plus agréable et la plus hygiénique des boissons, les malades la meilleure des eaux digestives, toniques et reconstitutives. »

(Dr Auburtin, *Le Pays*, 28 sept. 1861.)

PARIS

IMPRIMERIE DUPRAY DE LA MAHÉRIE

BOULEVARD BONNE-NOUVELLE, 26 (IMPASSE DES FILLES-DIEU, 5

1866

NOTICE

SUR

L'EAU MINÉRALE GAZEUSE NATURELLE

DE

SCHWALHEIM

———

L'origine de la source de Schwalheim se perd dans la nuit
des temps; il est probable qu'elle remonte aux premières
époques de l'histoire de la Germanie; les médailles qui sont
déposées au musée de Cassel et qui ont été trouvées, il y a
quelques années (1856), à l'occasion des fouilles pratiquées
par M. Briguiboul, en présence des princes de Hesse, de Méry
et d'un grand nombre d'archéologues et de savants, démon-
trent, dans tous les cas, que la bienfaisante fontaine était
connue et appréciée par les Romains (1).

Depuis un temps immémorial les populations environnantes
de Schwalheim, de Nauheim, de Dorheim, de Rôdgen, de
Friedberg ne connaissent plus l'usage des eaux de leurs ri-

(1) Voyez Méry : *Lettres sur l'Allemagne. Revue Contemporaine.*

vières et de leurs sources; toutes s'abreuvent exclusivement d'eau de Schwalheim que chaque jour, pendant toute l'année, au mépris des ardeurs de la canicule et des glaces de l'hiver, des hommes, des femmes, et des enfants surtout, viennent puiser, au moyen de cruches de grès portées en chapelet autour du cou, au nombre de 4, 6, 8 et jusqu'à 10, suivant l'âge et la force des sujets. Les habitants du pays attribuent à l'eau de Schwalheim l'immunité, à peu près absolue, dont ils jouissent à l'égard de la diarrhée, de la dyssenterie, de la gravelle, des maladies des organes digestifs et urinaires.

Depuis un grand nombre d'années déjà, l'eau de Schwalheim est devenue la boisson favorite des étudiants de Heidelberg, de Giessen, de Marburg; après les villes universitaires elle a conquis les villes d'eaux : Nauheim, Wilhelmsbad, Hombourg, Wiesbaden, Ems, Baden-Baden, Kreuznach, etc., et enfin, Francfort-sur-Mein, Mayence, Cologne, Hanau, Aschaffenbourg, Hambourg, Berlin, Vienne; en un mot, toutes les principales villes de l'Allemagne.

Il y a dix ans, grâce à l'intelligente intervention de M. Briguiboul, l'eau de Schwalheim a commencé à franchir les frontières germaniques; aujourd'hui elle est expédiée en quantité considérable en France, en Belgique, en Hollande, en Angleterre, en Russie et jusque dans les Indes et en Égypte; il ne lui faut plus, pour être mise au niveau — et même au-dessus — des eaux minérales les plus répandues, que d'être signalée, avec connaissance de cause, au public et aux médecins par une autorité scientifique consciencieuse et compétente.

L'eau de Schwalheim, captée convenablement par un encaissement en bois de chêne, s'élève jusqu'au niveau du sol; la source est bouillonnante en raison du dégagement incessant d'un nombre infini de petites bulles d'acide carbonique, lesquelles viennent crever à la surface de l'eau avec un petillement continu; toutes les cinq ou six secondes l'on voit, en outre, apparaître du fond de la source un chapelet de bulles brillantes, du volume d'une noisette et semblables à de grosses perles; celles-ci, arrivées au contact de l'air, produisent une véritable petite explosion.

Si l'on remplit un verre avec de l'eau de Schwalheim puisée à la source, l'on voit, pendant plusieurs heures, se dégager des petites bulles d'acide carbonique qui, semblables à des perles miroitantes, se collent aux parois du vase. Le même phénomène se produit lorsque le verre est rempli au moyen d'un cruchon qui est resté débouché pendant une demi-journée, ou d'un cruchon qui, bien bouché et capsulé, a été rempli il y a dix-huit mois ou deux ans.

Souvent, pendant ou après le bouchage forcé, l'on entend des cruchons éclater avec un bruit semblable à la détonation d'un pistolet, et il faut à l'eau de Schwalheim des cruchons d'une qualité supérieure et spéciale, sous peine de voir le gaz transsuder, avec petillement, par les porosités du vase.

Tous ces phénomènes sont dus à la quantité considérable de gaz acide carbonique que contient l'eau de Schwalheim, et à la manière intime dont il est combiné avec les éléments du liquide.

L'eau de Schwalheim contient, en effet, beaucoup plus d'acide carbonique que toute autre eau minérale connue (1), et près de deux fois autant que l'eau de Seltz naturelle (eau de Selters). Celle-ci fournit à l'analyse 26 pour 100 d'acide carbonique libre, tandis que pour l'eau de Schwalheim la proportion est de 49 pour 100.

« La quantité d'acide carbonique que contient l'eau de Schwalheim, dit le docteur Constantin James, est bien supérieure à celle que l'on rencontre dans les sources de Seltz, Pyrmont, Spa, Bussang, Saint-Alban et tant d'autres, qu'on cite comme types des eaux gazeuses. »

(1) Voyez Constantin James : *Guide pratique des eaux minérales*. Paris, 1861. — Rotureau : *Étude sur les eaux minérales de Nauheim*. Paris 1856.

L'eau de Schwalheim a une température constante de 8 degrés, ce qui explique la remarquable fixité de sa composition chimique, laquelle supporte, sans subir la plus légère altération, l'embouteillage, le transport, et une conservation de plusieurs années. C'est en 1860, à Monaco, que nous avons bu, pour la première fois, de l'eau de Schwalheim; après dix-huit mois d'embouteillage elle n'avait rien perdu de son aspect, de son goût, de ses qualités; elle était parfaitement limpide, n'avait pas formé le plus léger dépôt, et faisait sauter le bouchon comme du vin de Champagne.

« L'eau de Schwalheim, dit le docteur Rotureau, a pu être rapportée d'un voyage aux Indes ou au Cap de Bonne-Espérance, aussi gazeuse et aussi agréable qu'au sortir de la source. »

Nous ne connaissons pas d'eau minérale dont on puisse en dire autant.

L'eau de Schwalheim est piquante et d'une saveur extrêmement agréable; c'est à juste titre qu'elle a été appelée le *champagne des eaux minérales;* elle désaltère promptement et pour longtemps. Elle a, dans le pays, la réputation de pouvoir être bue impunément le corps étant couvert de sueur, aussi la fontaine est-elle, pendant le temps de la fenaison et de la moisson, le rendez-vous de tous les travailleurs des environs.

L'eau de Schwalheim a été analysée par l'illustre professeur Liebig, par MM. O. Henry, Mialhe et Chatin. Voici quelle est sa composition :

EAU DE SCHWALHEIM : 1000 GRAMMES

Principes minéralisateurs

		gr.
Acide carbonique libre.		2,4100
Bicarbonates	de chaux.	0,7188
	de magnésie	0,0750
	de protoxyde de fer.	0,0124
Sulfate de soude.		0,0720
Chlorure de sodium		1,3020
— de magnésium		0,1180
Silice.		0,1180
Bromure . . . . , ...		traces.
Eau pure, 995,1746.		4,8254

L'eau de Schwalheim appartient, par conséquent, à la classe des eaux gazeuses alcalines-acidulées; mais elle n'est pas seulement gazeuse et chlorurée-sodique, elle est encore ferrugineuse, et les observations cliniques ont démontré péremptoirement, comme nous le dirons tout à l'heure, que le fer y est combiné dans les conditions les plus favorables à l'absorption et à l'assimilation.

L'eau de Schwalheim doit être envisagée au triple point de vue de la gastronomie, de l'hygiène et de la thérapeutique.

GASTRONOMIE

L'eau de Schwalheim est la plus agréable des boissons, soit qu'on la boive pure, soit qu'on la mélange à la bière, au cidre ou au lait, dont elle facilite singulièrement la digestion.

Elle rend meilleur le meilleur vin de Champagne; elle s'allie parfaitement aux vins blancs, aux vins rouges de Bordeaux, dont elle n'altère ni la saveur ni la couleur.

Avec un sirop (groseille, framboise, cerise, fraise, ananas, limon, orgeat, etc.), avec du sucre en poudre et du jus de citron ou d'orange, du rhum, du kirsch, de l'absinthe, du curaçao, etc., elle constitue une boisson exquise, naturellement gazeuse, à la fois rafraîchissante et tonique, la plus agréable et la plus saine que l'on puisse boire pendant les chaleurs de l'été, et bien supérieure aux limonades gazeuses artificielles du commerce, et à toutes les espèces de sodas. Tous les gourmets accordent aujourd'hui leur préférence exclusive au Soda-Schwalheim.

A titre d'eau de table, de boisson d'agrément et de luxe, l'eau de Schwalheim est infiniment supérieure aux eaux de Saint-Galmier, Condillac, Renaison, etc. Nous ne parlons pas de l'eau de Seltz artificielle, dont le moindre des inconvénients est d'avoir une saveur tout à la fois amère et trop acide.

HYGIÈNE

L'eau de Schwalheim, en raison de sa composition chimique, est essentiellement apéritive, digestive, diurétique, tonique et reconstitutive.

Par son gaz acide carbonique, elle excite l'appétit, facilite la digestion beaucoup plus activement que toute autre eau minérale, nous ne craignons pas de l'affirmer; il suffit, d'ailleurs, pour s'en convaincre, d'en boire un verre une demi-heure après un repas trop copieux ou pendant le cours d'une digestion laborieuse.

Comparant les eaux gazeuses naturelles à l'eau de Seltz artificielle, le docteur Constantin James indique, de la manière suivante, les avantages des eaux naturelles :

« L'eau artificielle laisse dégager, par les narines et par la bouche, une partie de son gaz ; à peine est-elle introduite dans l'estomac qu'elle détermine des éructations, un sentiment de plénitude. C'est qu'ici l'acide carbonique n'était maintenu que par compression, de sorte que, suspendu sans être combiné, il s'isole dès l'instant où il n'est plus soumis à la force qui l'avait emprisonné. Au contraire, le gaz dissous dans l'eau naturelle, et nous citerons comme type l'eau de Schwalheim, s'exhale peu à peu dans l'estomac, sans distendre cet organe et sans se faire jour au dehors. Son action est lente, continue, intime. Il stimule doucement la muqueuse, pénètre ses moindres replis, s'imbibe dans les villosités et les follicules, et modifie ainsi, de la manière la plus heureuse, les sécrétions et la vitalité.. »

Mais il n'y a aucune comparaison à établir entre l'eau de Schwalheim et cette abominable boisson que l'on appelle eau de Seltz artificielle, et qui n'est le plus ordinairement qu'un liquide dangereux et toxique.

« Les qualités de l'eau de Seltz, avons-nous dit ailleurs (1), varient suivant les matières que l'on emploie et le procédé de fabrication. Lorsque l'on prépare cette eau gazeuse en grand, on emploie, comme matières premières, l'acide sulfurique et la craie. Or, il arrive que celle-ci, mal lavée ou décantée trop tôt, contient des sulfures, et donne, par la réaction de l'acide sulfurique, des traces notables d'acide sulfhydrique mêlé au gaz acide carbonique. Un autre procédé de fabrication consiste à verser dans une bouteille bien résistante, et remplie préalablement aux trois quarts d'eau potable, cinq grammes de bicarbonate de soude pulvérisé et cinq grammes d'acide tartrique concassé. Mais l'acide tartrique qui, en s'unissant à la soude du bicarbonate, a dégagé l'acide carbonique gazeux, reste dans le liquide, combiné à l'état de tartrate de soude. Or, la présence de ce sel dans une boisson dont on fait habituellement usage peut, à la longue, exercer une action défavorable sur

(1) L. Fleury : *Cours d'hygiène fait à la Faculté de médecine de Paris* T. II ; page 220.

la santé, particulièrement chez les personnes qui ont les organes de la digestion affaiblis.

« Les eaux rendues gazeuses par l'acide carbonique peuvent contenir du plomb, provenant des tubes, des garnitures, des siphons employés. Une petite quantité d'oxyde de plomb, formé sous l'influence de l'oxygène de l'air, se transforme en carbonate de plomb. Ce composé vénéneux peut à la longue occasionner des accidents graves. »

Les docteurs Trousseau, Pidoux, Tampier, Pétrequin, Socquet et Treuille ont insisté avec raison sur les inconvénients et les dangers qui accompagnent l'usage de l'eau de Seltz artificielle (1); mais supposons que la fabrication soit irréprochable, que le vase soit parfaitement construit; supposons encore que l'eau de Seltz factice soit une boisson agréable — des goûts on ne saurait disputer, — quelle est la valeur de cette boisson au point de vue hygiénique? Quel est l'effet sur l'économie du gaz acide carbonique qu'elle contient?

Dans les eaux gazeuses artificielles, l'acide carbonique n'est point combiné avec les éléments constitutifs de l'eau; il y est à titre de corps étranger, de gaz mécaniquement introduit et comprimé, il s'échappe à peu près en totalité aussitôt que le bouchon est enlevé. De là l'usage des syphons; mais l'efficacité du remède est à peu près nulle. Le gaz s'échappe pendant que l'eau coule du syphon dans le verre, du verre dans les organes digestifs. Dès qu'un seul verre a été versé, le gaz s'échappe, remplit l'espace qu'occupait le liquide, et se perd aussitôt que le syphon est ouvert pour la deuxième fois. Admettons que le gaz pénètre dans les voies digestives; il se dégage alors dans l'estomac, et se fait jour à l'extérieur en donnant lieu à des explosions peu agréables et condamnées par la civilité puérile et honnête.

(1) Voyez : *De l'eau de Seltz factice, ses inconvénients, ses dangers. Opinion du corps médical sur les eaux gazeuses naturelles et artificielles.* Paris, 1861.

« Les chimistes mélangent, la nature combine, dit l'auteur
de la brochure que nous venons de citer. Aussi, dès qu'on
débouche une bouteille d'eau gazeuse artificielle, le gaz s'en-
vole-t-il, saluant sa mise en liberté par une détonation qui ne
peut charmer que l'oreille du vulgaire. Pour obvier à cet inconvénient, on a imaginé les bouteilles dites à syphon. On a
remplacé un inconvénient par un danger. A l'explosion en
plein air, on substitue, autant qu'on le peut, l'explosion en
plein estomac. Pense-t-on que cet organe ne soit pas fatigué,
irrité, épuisé, à la longue, par une boisson qui se distend tout
à coup au point de prendre quatre ou cinq fois son volume?
Une bouteille d'eau de Seltz artificielle débouchée perd tout
son gaz en trois minutes environ, à une température de 25°
centigrades, tandis qu'une bouteille d'eau gazeuse naturelle, à
la même température, dégage des bulles de gaz pendant douze
heures consécutives. Avec l'eau artificielle, le dégagement de
l'acide carbonique est instantané; il a lieu au moment même
où l'on boit. Avec l'eau gazeuse naturelle, le dégagement du
même acide accompagne la digestion et l'aide jusqu'à ce qu'elle
soit achevée. »

Par son chlorure de sodium et par son fer, l'eau de Schwalheim est essentiellement tonique et reconstitutive, et par son
action diurétique elle tend à établir l'harmonie, l'équilibre
entre les fonctions d'assimilation et les fonctions d'élimina-
tion (1).

A ces divers titres, l'eau de Schwalheim est la boisson obligée
de tous les hommes sédentaires; de tous ceux qui, exerçant
peu leur système musculaire, imprimant peu d'activité à leur
circulation capillaire (notaires, avoués, banquiers, savants,

(1) Aussi, comme l'hydrothérapie, comme tous les agents qui ont pour
effet de régulariser les fonctions, l'eau de Schwalheim fait-elle engraisser
ceux qui sont trop maigres et fait-elle maigrir ceux qui sont trop gras.
L'eau de Schwalheim est le moyen le plus sûr et le plus efficace de combattre l'obésité, non en altérant la santé, mais en l'améliorant.

hommes de lettres, etc.), ont une alimentation abondante, substantielle, et se livrent même souvent aux excès de la bonne chère ; de tous ceux qui sont obligés à des excès de marché, de parole (professeurs, avocats, agents de change, artistes dramatiques, etc.).

L'eau de Schwalheim est également la boisson la plus saine, la plus hygiénique qui puisse être substituée aux eaux municipales.

L'on ne sait que trop aujourd'hui combien, dans les grands centres de populations, dans les grandes villes, Paris, Londres, Bruxelles, Amsterdam, La Haye, Manchester, Liverpool, Marseille, Lyon, Gand, etc., etc., les eaux municipales — eaux de rivières, de canaux, de puits ou de citernes — sont mauvaises au goût et nuisibles à la santé. Les efforts de l'administration n'y peuvent rien. Les eaux municipales sont, et seront toujours altérées par les égouts, par les infiltrations provenant des fosses d'aisance, des eaux ménagères, des voiries, des cimetières, de certains établissements industriels ; par leur séjour dans les réservoirs de distribution, etc. Les meilleurs procédés de filtrage restent complétement insuffisants (1), et l'on peut affirmer « qu'il sera toujours impossible de soustraire » les eaux municipales aux nombreuses et puissantes causes » d'altérations qui pèsent sur elles. » Or, ces altérations de l'un des principaux éléments de la vie et de la santé — l'eau — sont l'une des causes les moins contestables des maladies urbaines : de l'anémie, de l'asthénie générale, du nervosisme, de la dyspepsie, de la diarrhée, de la fièvre typhoïde, du lymphatisme, de la scrofule, de la phthisie pulmonaire, des affections génito-urinaires, etc., qui sévissent, dans une si énorme proportion, sur les habitants des grandes villes.

L'on ne saurait trop généraliser dans les grandes villes

(1) Voyez L. Fleury : *Cours d'hygiène.*—*Gazette des Eaux*, 13 juin 1861 —— *Moniteur des sciences*, 15 juin 1861.

l'usage des eaux minérales naturelles de table, et parmi celles-ci le premier rang appartient incontestablement à l'eau de Schwalheim.

THÉRAPEUTIQUE

Certaines eaux minérales sont le remède le plus sûrement efficace que l'on puisse opposer à un grand nombre de maladies ; mais pour que les résultats répondent aux espérances du médecin et du patient, il faut que le choix repose non-seulement sur la connaissance exacte de la composition chimique des eaux minérales, mais encore sur celle de l'action physiologique et curative de chacune d'elles. Une expérimentation clinique, suivie et consciencieuse, est ici non moins indispensable que quand il s'agit de désigner au malade la station thermo-minérale à laquelle il convient qu'il se rende.

L'on sait quels services éminents rendent les eaux ferrugineuses dans le traitement de la chlorose, de l'anémie, de l'asthénie générale, de certaines dyspepsies, etc.; or, peut-on hoisir au hasard parmi les eaux de Bussang, d'Orezza, de Spa, de Schwalbach et de Schwalheim? En aucune façon. Faut-il accorder la préférence à l'eau qui contient la quantité la plus considérable de fer? En agissant ainsi l'on se tromperait étrangement dans le plus grand nombre des cas ; il ne suffit pas, en effet, que du fer soit ingéré, il faut qu'il soit absorbé et assimilé.

La plupart des eaux ferrugineuses ont un grave inconvénient : celui d'être peu digestibles et de déterminer la constipation, de telle sorte qu'au lieu de porter remède aux troubles digestifs ou à l'état général qu'elles sont destinées à combattre, elles les aggravent. Rien de semblable avec l'eau de Schwalheim ; très-digestible en raison de son acide carbonique libre, elle entretient la liberté du ventre par l'action de son chlorure de sodium, et place l'économie dans les conditions les plus favorables à l'absorption du fer. Aussi, dans un grand nombre de cas de chlorose, d'anémie, d'asthénie générale, de nervosisme, de débilité générale ou génito-urinaire, avons-nous vu l'eau de Schwalheim amener la guérison de malades qui avaient dû renoncer à l'usage de toutes les autres eaux minérales ferrugineuses.

L'on sait le rôle **que** jouent l'anorexie, la gastralgie, les dyspepsies dans la plupart des maladies chroniques. Que les troubles digestifs soient primitifs ou secondaires, ils n'en constituent pas moins, au bout de quelque temps, l'un des phénomènes morbides les plus importants, parce qu'ils paralysent les efforts réparateurs de l'organisme, et plongent les sujets dans un état général plus grave et plus funeste que les plus graves lésions organiques locales. Depuis quinze ans, dans toutes nos études sur l'action physiologique et curative de l'hydrothérapie rationnelle, nous avons longuement insisté sur ces hautes considérations de pathologie générale, et ce n'est pas ici qué nous pouvons entrer dans tous les développements qu'elles comportent (1); voyons seulement quelles sont les ressources que les eaux minérales fournissent aux praticiens dans ces circonstances si difficiles.

Ne parlons pas des eaux de Condillac, de Renaison, de Grandrif, dont les effets sont nuls en thérapeutique ; l'eau de Saint-Galmier est plus efficace ; mais le docteur Ladevèze déclare lui-même que cette eau ne convient ni aux sujets lymphatiques, ri aux personnes nerveuses et irritables. Or, c'est précisément à ces catégories de malades qu'appartient la presque totalité des gastralgiques, des dyspeptiques, etc.

Depuis quelques années l'usage de l'eau de Vichy a pris une

____

(1) Voyez L. Fleury : *Traité thérapeutique et clinique d'hydrothérapie. De l'application de l'hydrothérapie au traitement des maladies chroniques dans les établissements publics et au domicile des malades.* 3ᵉ édition. Paris, 1866.

grande extension, et nous sommes loin de nous en plaindre. Nous reconnaissons et nous proclamons les services que rend l'eau de Vichy dans le traitement des diathèses acides, de la gravelle d'acide urique, de la glycosurie, dans certaines formes de goutte aiguë, etc. ; mais nous constatons, également, que l'usage de cette eau tend à devenir abusif, et nous estimons que tous les médecins éclairés et consciencieux ont le devoir d'avertir le public, et de le prémunir contre les graves dangers de cet abus.

Trousseau a étudié et signalé les funestes effets de l'alcalisation produite par l'eau de Vichy, et si Durand-Fardel s'est efforcé d'atténuer les allégations de ce professeur, il a néanmoins été contraint de les accepter dans une large proportion. Pour notre part, nous avons vu un nombre considérable de malades chez lesquels l'usage de l'eau de Vichy n'avait eu d'autre résultat que d'ajouter les dangers de la cachexie alcaline à ceux de la cachexie morbide. Nous n'hésitons pas à déclarer qu'à moins d'indications toutes spéciales, l'eau de Vichy doit être absolument interdite à tous les sujets lymphatiques, anémiques, asthéniques, débiles, affaiblis ; à tous ceux, en un mot, chez lesquels le sang est appauvri.

» Les eaux de Vichy, disent ingénûment les annonces, en
» rendant le sang plus alcalin, lui font perdre une partie de
» sa coagulabilité ; il se meut avec plus de liberté dans ses ca-
» naux, et c'est par cette propriété que ces eaux sont souve-
» raines dans tous les cas d'engorgement et d'obstruction des
» viscères. »

Rien de plus faux, rien de plus dangereux qu'une semblable doctrine ! Non ; ce n'est pas en appauvrissant, en altérant le sang, qu'il faut combattre les engorgements et les obstructions des viscères ; c'est en modifiant la circulation ! L'effet de l'eau de Vichy est celui de la saignée. Or, on ne saigne plus, Dieu merci, les sujets anémiques, asthéniques, affectés de congestions viscérales chroniques.

De toutes les eaux minérales que nous avons expérimen-
tées, l'eau de Schwalheim est celle qui s'est montrée le plus sûrement et le plus promptement efficace pour combattre les troubles digestifs liés aux maladies chroniques ; et il devait en être
ainsi, puisque, contenant deux fois plus d'acide carbonique
que toute autre eau minérale connue, elle est non-seulement
l'eau minérale apéritive et digestive par excellence, mais encore une eau essentiellement reconstitutive, en raison du fer
et du chlorure de sodium qu'elle contient.

Pendant quatre ans, nous avons pu observer à l'établisse-
ment hydrothérapique de Schwalheim toutes les formes de la
gastralgie, de la dyspepsie, de l'entéralgie, de la diarrhée, de
la constipation, et toutes les fois que les troubles digestifs ne
reconnaissaient pas d'autre cause qu'une anémie, qu'une
asthénie générale produites par une vie trop sédentaire, par
des excès de travail, par des excès vénériens, par une mala-
die antérieure, toutes les fois, en un mot, qu'ils n'étaient pas
liés à une lésion viscérale, à une altération organique locali-
sée, l'administration de l'eau de Schwalheim a été rapidement et remarquablement efficace.

Nous avons vu des malades ne pouvant plus manger ni lai-
tage, ni œufs, ni salade, ni fruits, ni farineux sans éprouver
tous les accidents de la gastralgie et de la dyspepsie, sui-
vre au bout d'un mois le régime habituel, sans en éprouver
la moindre incommodité ; d'autres chez lesquels l'ingestion de
la plus petite quantité d'aliments choisis provoquait du gon-
flement et de la pesanteur épigastriques, des flatuosités, un
dégagement considérable de gaz intestinaux, des douleurs
gastro-intestinales, de la diarrhée, de la lienterie, ont été non
moins rapidement guéris.

Nous avons vu des chloroses accompagnées de dysménor-
rhée, de palpitations nerveuses, de troubles digestifs et nerveux de toutes sortes, et qui avaient résisté au fer, aux bains de
mer, à plusieurs eaux minérales, à l'hydrothérapie, être par-

faitement guéries par un séjour de quelques mois à Schwalheim.
Il en a été de même à l'égard de femmes anémiques atteintes
de congestion chronique de l'utérus, hystériques, plongées
dans tous les désordres de l'état nerveux, et de plusieurs hommes chez lesquels l'anémie était accompagnée d'une congestion chronique du foie.

Mais laissons parler le docteur Van Esschen, qui a pu en ju-
ger par son expérience personnelle :

» Bue avant, pendant et après les repas, l'eau de Schwalheim
« exerce sur les organes digestifs une action extrêmement re-
» marquable, qui a été constatée par tous ceux qui en ont
» fait usage, et que l'on ne peut attribuer, au même degré, à
» aucune autre eau minérale. »

» Mais ici je puis parler *de visu* et *de sensu ;* j'aime à y in-
» sister, car les notices mensongères de beaucoup de stations
» et les réclames éhontées d'une foule d'industriels ont mis en
» garde contre les éloges décernés à tout produit naturel ou
» chimique. Voici donc *quod vidi et sentii.*

» Arrivé à Schwalheim, je dis au docteur Fleury : —
» Mon maître, je meurs de faim ; depuis un an et demi je
» sens la vie s'échapper par mes poumons, et il m'est physi-
» quement impossible de rendre à mon sang, par la nutri-
» tion, ce qu'il perd journellement de globules et de vitalité.
» Pertes continues, réparation presque nulle, il est clair
» que je dois fondre ; aussi me voyez-vous à peu près trans-
, parent. A tous les prêtres d'Esculape qui m'ont visité jus-
» qu'à ce jour, je n'ai demandé qu'une chose : » De grâce,
» donnez-moi un peu d'appétence ; je succombe au besoin ;
» au nom du ciel, faites-moi manger ! Et ils s'en allaient
» haussant les épaules et se disant : Pauvre poitrinaire, il
» croit dépérir parce qu'il ne se nourrit pas, tandis qu'il ne
» peut manger parce qu'il est phthisique ! Il se fait illusion,
» ce pauvre garçon !... Et ils ne revenaient plus... Et moi je
» me disais : Pauvre médecine !... Pauvres médecins !...

» — Vous mangerez, mon ami, avant huit jours d'ici, je vous
» en réponds. Telle fut la réponse de M. Fleury.

» J'hésitais à croire ; cependant la haute probité et l'huma-
» nité si connues de mon interlocuteur ne permettaient pas de
» le soupçonner de promesse légère, et, d'autre part, sa pro-
» fonde science et son expérience consommée le mettaient
» au-dessus de toute illusion. — Le premier jour, je me mis
» à table et, comme d'habitude, je mâchonnai quelques frag-
» ments de viande que je faisais passer à grande eau. Il en
» fut à peu près de même pendant les deux ou trois jours
» suivants. Mais à partir de ce moment, j'ai commencé à
» prendre les aliments sans répugnance, puis avec indifférence,
» et finalement avec une satisfaction de jour en jour crois-
» sante. A l'heure où j'écris ces lignes, j'attends avec impa-
» tience le moment du dîner, je mange du pain sec en atten-
» dant le potage, je me sers de tous les plats, je prends de la
» viande deux fois par jour et à différentes reprises : en un
» mot, j'éprouve une jouissance que je croyais perdue à tout
» jamais. Je ne me nourrissais plus que par raison ; l'eau de
» Schwalheim me fait manger par faim. Il est juste d'ajouter
» que le traitement hydrothérapique, dont je subis les effets sa-
» lutaires, contribue pour une large part à produire cet excel-
» lent résultat.

» Ce que je ressens, tous les pensionnaires de Schwalheim
» l'éprouvent. A table, on ne se croirait jamais entouré de ma-
» lades ; on dirait, en vérité, assister à un repas de convales-
» cents de fièvre typhoïde.

» Les propriétés dynamiques et stomachiques de l'eau de
» Schwalheim sont vraiment surprenantes. Le premier effet
» produit par l'usage interne de l'eau de Schwalheim est une
» diurèse très-manifeste. M. le professeur Bouillaud, qui a
» bien voulu, à la demande de M. Fleury, expérimenter l'eau de
» Schwalheim, a pu craindre, au début, que cette action diu-
» rétique ne fût trop énergique, et ne devînt une cause de dé-

» bilitation pour certains malades ; mais bientôt il a pu se
» convaincre que l'excitation rhénale ne tarde pas à se calmer,
» et que, dans les limites où elle est renfermée, on doit la
» considérer comme un phénomène utile. Dans certains cas
» et spécialement dans la gravelle, dans les affections chroni-
» ques des reins et de la vessie, dans les hydropisies, cette ac-
» tion diurétique est très-précieuse et infiniment préférable à
» celle que l'on s'efforce d'obtenir à l'aide des médicaments
» dit diurétiques.

» Au bout de huit à dix jours, quelquefois plus tôt, com-
» mence une action apéritive et digestive qui va toujours
» croissant Mais ici il est parfois nécessaire de procéder mé-
» thodiquement. Chez certains malades, les premières doses
» d'eau de Schwalheim sont difficiles à digérer et déterminent
» de la pesanteur épigastrique ; il faut alors diminuer les do-
» ses, les réduire à un quart de verre, par exemple, pris une
» ou deux fois dans les vingt-quatre heures. En les augmen-
» tant ensuite lentement, graduellement, l'accoutumance ne
» tarde pas à se produire, et dès lors, en raison de sa fraî-
» cheur, de son action stimulante et tonique, l'on peut boire
» impunément une plus grande quantité d'eau de Schwalheim
» que d'eau simple (1). »

Arrêtons-nous, et pour nous résumer nous ne pouvons
mieux faire que de reproduire ces paroles du docteur Au-
'burtin.

« Les personnes en bonne santé trouveront dans l'eau de
» Schwalheim la plus agréable et la plus hygiénique des bois-
» sons ; les malades la meilleure des eaux digestives, toniques
» et reconstitutives. »

(1) Van Esschen : *Une Mission à Schwalheim. Les eaux.* -- Le docteur
Fleury — *L'hydrothérapie rationnelle.* Bruxelles, 1864.

Prix de l'eau de Schwalheim à la source

L'eau de Schwalheim est livrée par paniers de 25 ou 50 cruchons, ou demi-cruchons.

Cent cruchons d'un litre 15 centilitres, revêtus d'une capsule d'étain, emballés et rendus à la station de Friedberg : 30 fr. — Cent demi-cruchons, idem : 24 fr. — Transport facile et peu onéreux par chemins de fer et bateaux à vapeur.

Écrire *franco* au directeur du Comptoir des eaux de Schwalheim (Hesse-Électorale).

- Dépôts de l'eau de Schwalheim

A Paris : Au dépôt spécial de la Compagnie, rue de Rivoli, 236. — Prix : le cruchon : 60 c. ; le demi-cruchon : 45 c. ; le quart de cruchon (*Soda-Schwalheim*) : 35 c.

On reprend le cruchon pour 5 c., le demi-cruchon pour 4 c., le quart de cruchon pour 3 c.

A Strasbourg : Chez M. Louis Dreyfus, faubourg de Saverne.

A Lyon, Marseille, le Havre, etc., aux dépôts des Eaux de Vichy.

A Bruxelles : Chez M. Perrot, boulevard de l'Observatoire, 44.

A Gand : Chez M. Puls, pharmacien.

Écrire franco.

Paris. — Imp. Dupray de la Mahérie, impasse des Filles-Dieu, 5. — 519

www.ingramcontent.com/pod-product-compliance
Lightning Source LLC
LaVergne TN
LVHW051137060726
842526LV00006B/2095